# CONFESSION GÉNÉRALE

## DE SON ALTESSE SÉRÉNISSIME

## Mgr. LE COMTE D'ARTOIS,

*Déposée, à son arrivée à Madrid, dans le sein du T. R. P. Dom JÉROME, Grand Inquisiteur, & rendue publiquement par les ordres de son Altesse, pour donner à la Nation un témoignage authentique de son repentir.*

IMPRIMÉE DANS LES DÉCOMBRES DE LA BASTILLE.

---

*Confiteor Deo & Populo.*

---

## A PARIS.

Chez le Secrétaire des commandemens de Monseigneur l'Archevêque de Paris.

Et chez tous les Supérieurs des Communautés, même celle de S. Lazare.

*Le 23 Juillet 1789.*

# CONFESSION
## GÉNÉRALE

### De Son Altesse Sérénissime

### Mg. LE COMTE D'ARTOIS.

————

Les yeux remplis de larmes que la rage seule faisoit couler, détestant moins son infame conduite que pénétré du regret de n'en pas recueillir le fruit, S. A. S. Monseigneur le comte d'Artois arriva à Madrid, après avoir pensé éprouver à Lyon la fureur légitime d'un peuple justement irrité : tantôt il se représentoit la perte des caresses lubriques de son illustre belle-sœur, les emporte-mens de la Tribade Polignac ; ensuite

A 2

l'ambition succédoit à ce ressouvenir amer ; les réflexions sinistres assiégoient son cœur ; & le désespoir de n'avoir pu consommer son exécrable forfait, augmentoit l'affreuse situation de ce coupable Prince.

« Eh quoi ! disoit-il, doutant même de son existence ; suis-je bien moi ? quelle révolution ! & quelle en sera la suite ? C'est donc en vain que l'amour, cette passion tyrannique, m'a fait tout entreprendre, adultere presque assassin, j'ai violé les droits les plus respectables, ceux de fraternité & d'époux. Ce sont les fruits adultérins d'une union réprouvée qui doivent un jour régir la monarchie françoise. Au fond du cœur, méprisant le monstre qui secondoit mes vues criminelles, j'ai contribué à ses plaisirs, pour me frayer un chemin qui pût me conduire au trône ; un ins-

tant de plus, & la France étoit à moi ;
les miniſtres m'étoient dévoués, la lâche trahiſon me donnoit la moitié des
ſuffrages ; la force & la violence m'aſ-
ſuroient de l'autre : un Breteuil, un Ba-
rentin, parvenus à s'emparer du timon
de la monarchie, avoient dépoſé dans
mon ſein le ſerment ſacré d'une odieuſe
& indigne fidélité. Un inſtant, un ſeul
inſtant a tout détruit : du faîte des
grandeurs, je tombe dans l'aviliſſement ;
l'horreur & l'exécration ſont les ſeuls
ſentimens que j'inſpire, & mon nom dé-
ſormais ne ſera plus que le ſignal de la
terreur & de l'effroi ».

« Quel parti prendre ! divinités in-
fernales ! vous à qui j'ai toujours ſacri-
fié, préſidez maintenant à mes idées :
ma raiſon eſt bouleverſée, ſoyez - moi
propices, & je vous voue un hommage
éternel ».

A 3

» Mais quel rayon de lumiere vous faites luire à mes yeux, & quel sentiment vous faites naître en mon cœur! Déjà mon espoir se rétablit. O Satan, mon génie tutelaire, non, ce n'est point en vain que je t'invoque! D'Artois sera toujours d'Artois, l'ennemi de la nation, & ton fidele suppôt ».

C'est ainsi que raisonnoit l'indigne rejeton d'un sang illustre ; c'est un Bourbon qui, dans son cœur, prononce le serment affreux d'accabler le peuple de sa haine ; & pour l'aider à y réussir, la politique fuit de la cour françoise & le suit en Espagne pour l'infecter de tout son poison.

Quel changement & quel affreux tableau d'hypocrisie va nous présenter S. A. arborant l'étendard de l'humilité,

pouffant des foupirs affectés par inter-
valles, fe frappant la poitrine ; telle eft
la maniere que le comte d'Artois, pa-
roiffant fe traîner à peine, emploie pour
fe préfenter au tribunal affoibli de l'In-
quifition. Son titre, qu'il a tant de fois
méconnu, l'honneur de fon nom, dont
il s'eft rendu tant de fois indigne, le
font parvenir aux pieds de Dom Jérô-
me, grand inquifiteur. Après avoir frap-
pé trois fois la terre de fon front, fuivant
l'ufage, humblement baifé le pan de la
robe du R. P. hypocrite, d'Artois s'ex-
prime en ces termes :

« O mon pere, organe facré de la
Majefté Divine, c'eft à vos genoux que
je viens réclamer la miféricorde d'un
Dieu dont je redoute le courroux ; puis-
je efpérer d'obtenir quelque grace ? le
nombre de mes iniquités eft fi grand que
j'ai tout lieu de défefpérer du pardon.

C'eſt en en dépoſant le fardeau dans votre ſein que je vous ſupplierai d'employer auprès de lui votre interceſſion : ce n'eſt pas ſeulement le cri de ma conſcience qui m'aſſaille, c'eſt encore les gémiſſemens d'un peuple que j'ai rendu malheureux. Artiſan de ſon infortune, ſa miſere eſt mon ouvrage. J'ai égaré le plus tendre des freres, un roi vertueux ; j'ai fait un monarque foible ; j'ai aveuglé toute une nation ſur ſes qualités royales, & la deſtruction totale du royaume étoit le vœu de mon cœur ; j'en aurois ſans doute vu l'accompliſſement, ſi l'Être ſuprême n'avoit regardé les François en pitié ».

« Daignez donc, ô mon pere, me réconcilier avec moi-même ! L'énormité de mon crime m'a rendu vil à mes propres yeux ; la naiſſance, le rang devoient me rendre l'exemple de l'univers ;

la baſſeſſe de ma conduite m'en a rendu l'opprobre ».

Le Religieux, trompé par cette douleur apparente & les démonſtrations de ce faux repentir, entreprit de conſoler ſon Alteſſe, en lui diſant : « eſpérez, eſpérez tout, mon fils, de la grace divine; ſi la voix publique condamne avec raiſon le tiſſu d'abominations que vous avez commiſes, l'aveu que vous allez en faire, la pénitence que le Très-Haut vous impoſera par mon miniſtere, ſera le fondement de votre retour à la vertu, & le premier acte de votre réſignation à ſa juſtice : deſcendez dans votre cœur, & courbez - vous devant l'image de votre Dieu ».

On preſſent bien que ce commandement propageoit la rage dans le cœur de son Altesse. Toute la terre connoît l'orgueil de ce prince, & il ne falloit pas moins que la nécessité pour qu'il s'y soumit. La nécessité, cette loi impérieuse, lui crioit aux oreilles : *Superbe, humilie - toi.* Tout le détermina à embrasser ce parti. Après donc quelques momens d'un feint anéantissement, son altesse, poussant des soupirs, fit au grand inquisiteur la confession des atrocités qui le rendront à jamais l'objet du mépris & de la haine.

« Non-seulement, mon révérend pere, je vais, par ma sincérité, chercher à regagner les faveurs célestes, mais encore je veux que mon repentir soit public, & dévoiler à la nation, que j'accablois d'outrages, les forfaits que je vais déposer dans votre sein. Puisse un peuple qui me déteste, avec raison,

oublier en partie que je fuis le prin-
cipe de fon défaftre, & ne me pas fa-
crifier à fa vengeance, en voyant les
larmes de fang que le remords me fait
verfer »!

« Je glifferai rapidement fur mes pre-
mieres années. L'éducation des princes,
fi brillante en apparence, mais vicieufe
en tous fes points, fut la bafe de ma
conduite : un caractere méchant, féroce
même, annonçoit déjà, dans mon en-
fance, à la nation françoife, que je ferois
fon oppreffeur ».

« Tout favorifoit alors le penchant
décidé qui me portoit au mal. La mort
de Louis XV, l'élévation de mon frere
aîné, fa bonté naturelle, qui éloignoit
de fon ame le foupçon du crime ; fa
confiance, fa fécurité, les acclamations,

les éloges de son peuple, l'assuroient de la félicité publique; il la croyoit éternelle. Hélas ! quelle étoit son erreur ! il ignoroit que les princes de son sang, son frere même, son propre frere, que tout devoit rendre les protecteurs chéris de la nation, travailloient sourdement à sa destruction ».

« Ce fut du moment que la dissipation & les excessives prodigalités penserent épuiser l'immensité de mes moyens, que je m'égarai, me perdis ; l'injustice me domina ; la soif brûlante des richesses vint me tourmenter ; je n'y pus résister, & rien ne put réprimer les concussions que je mis en usage pour augmenter mes revenus. Je tyrannisai mes vassaux : insensible à leurs peines, à leurs fatigues, je les rançonnai sans pitié, & le plus souvent je sacrifiai au hasard

du jeu , ou à la vitesse d'un cheval an-
glois, ce fruit de la rapine & de la vexa-
tion ».

« Non , jamais je ne puis me rendre
assez coupable , ô mon pere ! il faut ,
que dis-je , il faut ? l'honneur que j'ou-
trageai, la religion que je méprisai , la douleur que je ressens, tous ces justes motifs me
font un devoir, me contraignent à vous
accuser quelle étoit alors la noirceur de
mon ame & l'indignité de mes sentimens.
Oui, mon pere, c'étoit peu pour mon
lâche cœur d'opprimer ainsi l'infortuné ; le
plus pur de son sang suffisoit à peine pour
étancher la soif cruelle dont j'étois dévo-
ré. Promenant sur le trône des regards
envieux, je maudissois le destin de m'a-
voir fait naître le plus jeune de mes
freres ; je l'accusai d'injustice , dès ce

moment je vouai à mon frere, à mon roi, une haine dont il ne tarda pas à éprouver les barbares effets.

« Je m'appliquai sérieusement à connoître sur quel fondement un monarque établissoit la grandeur : je reconnus qu'elle étoit fixée sur l'équilibre, & que peu de chose suffiroit à la lui faire perdre. La tendresse du peuple l'avoit toujours maintenu : je travaillai à l'éteindre, & j'y parvins. Les infame agens que je produisis au ministere servirent mes complots, & le meilleur des rois séduit, égaré, perdit par degrés l'amour du François. O mon pere ! tels furent les premiers pas que je fis dans la carriere du crime ».

« L'état affreux de la France est mon ouvrage. Je vous l'accuse : j'avois médité

sa ruine , & sa perte étoit l'aliment qui
nourrissoit mon ambition. Les conseils
& les sages représentations d'une épouse
vertueuse ne mirent pas de frein à ma
rage effrénée ; elle ne fit qu'allumer mon
ressentiment ; je l'accablai d'outrages , &
le moins détestable que je lui fis es-
suyer fut celui de lui associer les plus
viles catins , & les plus lubriques cour-
tisanes de ce siecle ».

« Sortant de ses bras , où le caprice
me ramenoit parfois , je ne laissai jamais subsister aucun doute sur mon in-
tention , & ne lui dissimulois point que
le devoir ni le sentiment n'avoient aucune part à mes caresses. Je poussai la
barbarie jusqu'à l'instruire de mes déré-
glemens. J'affichai la dépravation sans
avoir la politique de voiler mes débor-
demens ».

« Violemment incommodé *d'une in-*
*digestion de biscuits de Savoie*, (1) , je
vais , disois-je à mon cocher , *prendre*
*du thé à Paris*. La Duthé , cette infame
créature , cette exécrable messaline sortie
de la fange des plus sales B........ de la
capitale , devint mon idole & l'objet de
mon culte & de mes hommages. Je les
lui offris en public , & bravant insolem-
ment la censure de mon roi , l'indignation d'un peuple que je méprisois , je
forçai ceux qui étoient sous ma dépen-
dance à plier le genou devant l'odieuse
prostituée que j'adorois ».

« O mon digne & très - révérend

---

(1) Jeu de mots sur Marie-Thérèse de Savoie , Comtesse d'Artois , & la Duthé , P......
à renommée , dont le faste écrásoit celui de
la majesté royale.

pere !

pere, comment, sans mourir de honte, vous faire le détail de mes courses nocturnes, les orgies scandaleuses que j'y commettrois, les risques que j'y courus ? Compromis dans les plus noirs taudions, avec les scélérats & le rebut de la populace, un prince du sang royal, un frere du roi, mangeoit, buvoit familiérement avec cette race abjecte, & m'assimilant avec eux de cette sorte, je ne rougissois pas de me déclarer leur confrere & leur appui ».

» Un mal affreux germa dans mon sein : ce noir poison, distillé par le libertinage, pensa devenir funeste à ma digne & adorable épouse. Alors je cessai de fréquenter ces obscurs & dégoûtans repaires, sans cependant en devenir plus sage, & je présentai de nouveaux vœux à la prostitution »

« Contat, cette volage actrice, dont la renommée publioit les charmans at-

traits, enflamma mon cœur de la paf-
fion la plus vive ; & fans m'arrêter à
l'indigne fource dont elle eft fortie (1),
fans aucune confidération pour fon état,
fi incompatible avec mon rang & mon
nom, je m'étourdis fur la baffeffe dont
je me rendois coupable ; je bravai la cla-
meur publique fur le tableau fincere de
fes abominables mœurs ; je fis de Contat
ma divinité ».

« C'eft dans les embraffemens de cette
prêtreffe de Priape que j'épuifai tous les
refforts de la fauffe volupté : pour me
plaire elle me dévoila tous les fecrets de

---

(1) La Contat eft fille d'une revendeufe de
fruits & d'un Mouchard de Robe-courte. Son
frere, Sacripant de la premiere claffe, exerce
encore cette honorable fonction, & cette héroïne
de couliffe eft fans contredit l'actrice la plus dé-
réglée de tous les théâtres.

( 19 )

l'Aretin, dont la pratique m'a depuis toujours été chere. Je m'énervai par la brutalité de mes révoltans transports, & je n'avois plus pour la célefte compagne que le ciel m'avoit donnée, que la froideur la plus infultante ».

« *Bagatelle*, ce charmant afyle de la débauche, devint le fanctuaire de la molleffe & du libertinage : mes complaifans & délicats pourvoyeurs fourniffoient tous les jours ce temple de nouvelles déeffes ; j'y promenois des regards languiffans, mes fens émouffés par les jouiffances de tous genres que je m'étois procurées, ne fe ranimoient qu'à peine ; il falloit les exciter par l'attrait piquant de la nouveauté ; c'eft ce que je fis ».

« J'ofai jetter un œil profane fur madame la ducheffe de Bourbon : ce fecret inconnu jufqu'alors me couvre encore de honte & de confufion : mon aveu cou-

pable irrita fa vertu. Défefpéré de ce
refus , je l'infultai , & tout Paris fut té-
moin de la vengeance de fon époux ; j'y
fis remarquer la lâcheté dont mon cœur
eft fufceptible ; & je fis connoître à la
nation françoife combien je me fouciois
peu de démentir & déshonorer un fang
illuftre ».

« Malgré la politique dont je me fer-
vois , l'infamie de ma conduite commen-
çoit à percer ; l'indignation foulevoit les
efprits ; les épigrammes fanglantes & mé-
ritées m'étoient adreffées de toutes parts :
je m'éloignai , & Gibraltar fut le théâtre
que je choifis pour me fignaler par de
nouveaux exploits ».

« Vous les connoiffez , ô mon pere !
l'adulation me couronna de lauriers , &
la vérité me les arracha ! hué , fifflé de
tous les vrais braves, guerrier fans gloire,
frere fans amitié , pere fans naturel , époux

ingrat , citoyen perfide , prince fans dé-
licateffe , il ne manquoit à tous ces titres ,
qui m'étoient diftribués par toutes les
bouches & les cœurs de la capitale , que
celui de lâche patriote. Avec juftice on me
le décerna. Aujourd'hui profcrit , rejetté de
mon augufte famille , le peuple a mis ma
tête à prix : eût-elle tombé fous fon glaive
vengeur , & mon cadavre fouillé par la
pouffiere & foulé aux pieds, privé de fé-
pulture, je n'aurois que foiblement expié
mes forfaits ».

« A mefure que je perdois l'eftime & la
confiance publique, la rage s'accrut dans
mon ame , le nom françois me devint
odieux ; j'abhorrai fon exiftence , & j'af-
fociai mon farouche reffentiment à la barbare Reine que le plus malheureux des
rois avoit prife en Germanie pour former
le bonheur de fes jours ».

« Nos cœurs furent bientôt unis ; le

crime le plus atroce cimenta cette union.
Sans égard aux droits du sang, je souil-
lai la couche nuptiale, & fis féconder la
famille royale. Plus de myftere alors ; ne
refpirant plus tous deux que fureur &
vengeance, nous nous affurâmes des mi-
niftres ; nous nous défimes des gens vertueux dont la gêne continuelle contrarioit
nos deffeins. Nous pillâmes le tréfor royal,
& le pere du peuple, obfedé de traitres,
ignoroit le malheur de fes enfans, & l'o-
rage affreux qui menaçoit la monarchie ».

« L'exécrable Polignac, ce monftre
déteflé, ce monftre indéfiniffable, comme
une quatrieme furie, fe joignit à la cabale,
& fe fit une gloire d'en diriger les infignes
manœuvres. Adorée de la R . . . . à la-
quelle elle avoit fait adopter fes goûts infames, elle fe partageoit alternativement
entre elle & moi, & nous avions formé,
Par cette intime réunion, le plus affreux
trio.

« Rien ne coûte à cette Mégere ; son
ame paffa dans la mienne ; le même génie nous anima ; nous épuifâmes la France,
crime léger, qui ne fuffifoit pas à notre
fureur ; la deftruction totale de fes habi-
rans étoit le vœu le plus ardent de notre
cœur ».

« Condé, Conti, de Guiche, tout auffi
lâches, auffi perfides que nous, augmen-
terent le nombre des tyrans de la nation ;
nous foufflâmes dans le cœur de la nobleffe
l'affreux poifon de la difcorde. Nous lui
fimes envifager fes droits, facrifiés au
titre chimérique de citoyen, & nous en
fimes autant d'ennemis du peuple & de la
liberté ».

« Notre ligue, qui paroiffoit indeftruc-
tible, groffiffoit tous les jours. Déjà nous
ne gardions plus le fecret. Levant info-
lemment nos têtes altieres, nous rejettions.

avec dédain les supplications & les larmes des habitans, rongés par l'affreuse misere que nous avions fait naître ; quelques jours de plus, & des fleuves de sang inondoient la capitale : déjà ils se présentoient à nos yeux, & nous nagions d'avance avec ravissement dans ces sources délicieuses ».

« Les citoyens massacrés l'un par l'autre, les habitans égorgés par une troupe de brigands enrégimentés, aveuglément soumise à nos ordres barbares ; les cadavres expirans les uns sur les autres : voilà, mon pere, le trophée que nous voulions élever à notre gloire immortelle, & le spectacle enchanteur que nous nous préparions ».

« La ville réduite en un monceau de cendres, coup-d'œil flatteur pour de nouveaux Néron, présentoit à nos regards la plus agréable perspective, & les préliminaires les plus sanglans annoncent à la patrie le signal horrible de la terreur & de la proscription ».

« Cette affreuse conspiration touchoit au terme fatal de son exécution, les maisons étoient désignées, cent mille habitans alloient périr victimes de notre rage, lorsque la main de l'Etre suprême détourna les coups cruels que nous allions porter, & l'imprudence trahit nos vues criminelles ».

« Le féroce Lambesc, à la tête d'une troupe de tigres altérés du sang françois, se livre trop tôt au sentiment qui nous animoit ; aveugle dans ses horribles transports, il commence l'alarme générale, & détruit nos projets par sa promptitude & son impatience ».

« Les ministres de notre rage n'étoient point prêts ; nos satellites n'étoient point arrivés; le nombre qui nous avoit vendu leurs bras & leur vie étoit trop foible pour s'opposer à la vile populace que nous avions juré d'exterminer ; défenseurs de ses jours, de son existence, de sa liberté, les citoyens s'ameutent , s'arment & renversent en un instant nos plus cheres espérances ».

« Terribles & bouillonnans de fureur, les vaillans parisiens menacent nos jours, pour lesquels nous commençons à trembler. L'horreur se répand , le sang des traîtres coule : prisonniers dans Versailles, tous les passages sont obstrués , & nous voyons avec douleur le triomphe national ».

« Journée malheureuse où nous vîmes anéantir nos effroyables desseins ! Les larmes couloient de nos yeux , la rage seule en faisoit naître la source ; nos amis , nos partisans , les scélérats ennemis du patriotifme cruellement mutilés , traînés dans la fange , leurs coupables têtes por-tées au bout d'une lance , fembloient pré-fager le jufte fort qui nous étoit réfervé , & auquel la fuite nous a dérobés ».

« O mon pere ! l'indignation fe peint fur votre vifage , & maintenant elle regne dans tous les cœurs. Où fuir ! Où aller cacher ma honte & mon affliction ? Quel fera le peuple affez infenfé pour accueillir & protéger le crime , la trahifon & la fcé-lérateffe ? Comment ofer prétendre à un afyle , à un refuge ? Mon nom feul ne fera-t-il pas le premier chef de ma con-damnation ? & ne fera-ce pas rendre un important fervice à l'humanité que de plonger un poignard dans le fein de celui qui vouloit être lui-même le bourreau d'un peuple entier , pour repaître fes yeux de ce fanglant fpectacle , & faire jouir une femme barbare & impitoyable des fruits de l'horreur qu'elle a conçue & con-

serve encore dans son sein pour les François, qui l'adoroient au moment où elle
méditoit leur ruine » ?

« Tonnez sur moi, grands Dieux ? que
votre foudre écrase sans miséricorde la
détestable furie, l'objet de mes lâches
amours & de mes criminelles complai-
sances. Périssent de même les infames
princes qui servirent nos perfides complots ; qu'un trépas ignominieux soit le
salaire des traîtres dont la France est in-
fectée, & qui jouissent en paix du fruit
de leurs honteux larcins ».

« Paris, cette superbe cité, reine du
monde, en proie à la famine, n'offre plus
qu'un tableau pitoyable, dont la face ne
peut changer qu'en détruisant les monstres
qu'elle recele dans son sein ».

« O Maître suprême des humains,
vous exaucez une partie de mes vœux !

un prévôt des marchands, le gouverneur
de la Baſtille, un Foulon, un Berthier,
ſont déjà les victimes que tu as aban-
données au reſſentiment national, maſſa-
crées par un peuple ſecouant le joug de
l'oppreſſion & de la tyrannie. Leur trépas, loin d'exciter la compaſſion, fait naître
la joie dans tous les cœurs, & les lam-
beaux ſanglans de leurs corps déchirés
ſont les holocauſtes offerts à la liberté ».

« Tremblez, Condé, Conti, Bourbon,
d'Enghien, & vous, miſérables artiſans
de la miſere des François ! que le ſort de
vos ſemblables vous inſpire un effroi con-
tinuel ! & ſi vous échappez à la légitime
vengeance publique, puiſſe l'affreux ſer-
pent du remords déchirer perpétuellement
votre ſein » !

« Tel eſt, ô mon pere, le détail des
iniquités que l'orgueil & l'ambition m'ont
fait commettre ? je me réſigne à la ven-

geance divine , & recevrai , sans murmu-
rer , le coup qui ne tardera sûrement pas
à trancher le fil des jours d'un infame
proscrit ».

<hr>

*N. B.* On invite le public à ne poin<br>
ajouter de foi au repentir tardif & forcé
de S. A. S. ; on en doit distinguer toute
la fausseté. Prions seulement l'arbitre des
destinées que ses derniers vœux , tout im-
posteurs qu'ils sont , soient exaucés ; que
le despotisme soit anéanti , les traîtres
massacrés , & que nos enfans jouissent du
précieux bonheur de posséder la Liberté
dont nous voyons commencer le regne.